Coltivazione Del Fungo Coprinellus Micaceus Per Principianti

Approvvigionamento e preparazione delle spore, metodi di coltivazione, piantagione e inoculazione

Di
MARCO MACNEIL

Marco MacNeil

Diritto d'autore © 2024, Marco MacNeil
Tutti i diritti riservati.

Nessuna parte di questa pubblicazione può essere riprodotta, distribuita o trasmessa in alcuna forma o con alcun mezzo, comprese fotocopie, registrazioni o altri metodi elettronici o meccanici, senza la previa autorizzazione scritta dell'editore, fatta eccezione per brevi citazioni incorporate in recensioni critiche e per alcuni altri usi non commerciali consentiti dalla legge sul copyright. Per richieste di autorizzazione, scrivere all'editore.

Marco MacNeil

Sommario

introduzione

Capitolo 1
- Capire Coprinellus Micaceus

Capitolo 2
- Iniziare Con La Coltivazione

Capitolo 3
- Requisiti di base per la coltivazione

Capitolo 4
- Approvvigionamento e preparazione delle spore

Capitolo 5
- Metodi di coltivazione

Capitolo 6
- Piantagione e inoculazione

Capitolo 7
- Cura E Manutenzione

Capitolo 8
- Raccolta dei funghi

Conclusione

Marco MacNeil

Copyright © 3

Marco MacNeil

introduzione

Benvenuti nel mondo di Glistening Ink Caps, un luogo dove prospera l'umile ma affascinante fungo Coprinellus. Questi delicati funghi, con i loro cappelli scintillanti ricoperti di particelle simili a mica, hanno da tempo catturato i cuori e le menti degli appassionati di funghi in tutto il mondo. Che tu sia un esperto raccoglitore o un micologo in erba, coltivare Coprinellus apre un nuovo regno di scoperte e delizie culinarie.

Immagina di camminare in una foresta silenziosa, l'aria piena dell'aroma terroso di foglie umide e terra. Tra i rami caduti e il legno in decomposizione, vedi gruppi di piccoli funghi color marrone chiaro che luccicano alla luce del sole screziata. Questi sono i Glistening Ink Caps, una testimonianza della capacità della natura di creare bellezza nei luoghi più inaspettati. Il loro aspetto delicato smentisce un robusto ciclo di vita e un importante ruolo ecologico come decompositori, che scompongono la materia organica e restituiscono nutrienti vitali al terreno.

Marco MacNeil

Ma perché coltivare Coprinellus micaceus, potresti chiederti? La risposta sta nella loro combinazione unica di facilità di coltivazione, benefici ecologici e potenziale culinario. Per i principianti, Coprinellus micaceus rappresenta un punto di partenza ideale. Sono relativamente semplici da coltivare, richiedono solo materiali e condizioni di base. Con il loro rapido ciclo di crescita, puoi goderti i frutti del tuo lavoro in poco tempo, assistendo in prima persona alla magia della coltivazione dei funghi.

Oltre alla gioia di coltivare i tuoi funghi, coltivare Coprinellus micaceus contribuisce a un ambiente più sostenibile. Questi funghi svolgono un ruolo cruciale nella scomposizione del materiale organico morto, aiutando nel ciclo dei nutrienti che supporta la vita delle piante. Coltivandoli, non solo ti godi un hobby gratificante, ma partecipi anche ai processi naturali che mantengono sani i nostri ecosistemi.

Il valore culinario di Coprinellus micaceus non deve essere trascurato. Sebbene delicati ed effimeri, questi funghi offrono un sapore sottile e terroso che può esaltare una varietà di piatti. Dai semplici soffritti alle ricette più elaborate, i Glistening Ink Caps possono aggiungere un tocco unico alle tue creazioni culinarie.

Marco MacNeil

Raccogliere e cucinare i propri funghi può dare un senso di realizzazione e un legame più profondo con il cibo che mangi.

Mentre intraprendi questo viaggio, imparerai a conoscere l'affascinante ciclo di vita del Coprinellus micaceus, le condizioni di cui ha bisogno per prosperare e le tecniche per coltivarlo con successo.

Questo libro è progettato per guidarti in ogni fase del percorso, fornendo consigli pratici, approfondimenti scientifici e un tocco di ispirazione. Benvenuti nell'incantevole mondo di Glistening Ink Caps. Iniziamo insieme questo viaggio di crescita e scoperta.

Marco MacNeil

Copyright © 7

Marco MacNeil

Capitolo 1

Capire Coprinellus Micaceus

Il delicato mondo del Coprinellus micaceus, comunemente noto come Glistening Ink Cap, è uno che invita sia alla meraviglia che alla curiosità. Per apprezzare veramente questi funghi, dobbiamo approfondire la loro descrizione botanica, il loro fondamentale ruolo ecologico e il valore nutrizionale e culinario che portano sulle nostre tavole.

Immagina un suolo forestale al mattino presto, il terreno punteggiato di luce solare e ricoperto da uno spesso strato di foglie e legno in decomposizione. Tra i detriti, piccoli funghi color nocciola emergono a grappoli, i loro cappelli adornati da minuscoli granuli scintillanti che catturano la luce come migliaia di minuscoli diamanti. Questi sono i Glistening Ink Cap, chiamati così per il loro aspetto distintivo. I cappelli sono inizialmente ovali o a forma di campana, espandendosi gradualmente fino a diventare ampiamente convessi o piatti man mano che maturano. Sono fragili e spesso presentano una superficie leggermente scanalata, in particolare vicino ai bordi.

Gli steli del Coprinellus micaceus sono sottili, bianchi e cavi, e forniscono un delicato supporto per i cappelli soprastanti. Quando i funghi maturano, le loro lamelle, inizialmente bianche, diventano nere e iniziano a liquefarsi in un processo noto come deliquescenza. Questa caratteristica unica dà il nome alla famiglia Ink Cap e aggiunge un tocco di magia al loro ciclo di vita. Le spore che producono sono nere, contribuendo al residuo inchiostrato lasciato quando i funghi si dissolvono.

Nel grande arazzo della natura, Coprinellus micaceus svolge un ruolo significativo come saprotrofio. Ciò significa che si nutrono e decompongono materia organica morta, come rami caduti e legno in decomposizione. Così facendo, contribuiscono al ciclo dei nutrienti che è essenziale per mantenere sani gli ecosistemi forestali. Scomponendo composti organici complessi, rilasciano nutrienti nel terreno, arricchendolo e supportando la crescita di piante e altri organismi. Questo vitale servizio ecologico sottolinea

Marco MacNeil

l'importanza di questi funghi apparentemente umili nel contesto più ampio della salute e della sostenibilità delle foreste.

Ma la storia di Coprinellus micaceus non finisce con il loro contributo ecologico. Questi funghi hanno anche un posto nel mondo culinario, offrendo un sapore sottile ma distintivo che può esaltare una varietà di piatti. Mentre la loro natura delicata significa che devono essere raccolti e consumati rapidamente, il loro sapore terroso e delicato può aggiungere un tocco unico alle tue creazioni culinarie. Quando sono giovani e prima che inizino a deliquescere, questi funghi possono essere saltati in padella, aggiunti alle zuppe o persino usati come guarnizione per aggiungere un elemento di eleganza selvaggia ai tuoi pasti.

Dal punto di vista nutrizionale, Coprinellus micaceus, come molti funghi, è povero di calorie ma ricco di nutrienti essenziali. Forniscono una buona fonte di vitamine, in particolare vitamine del gruppo B, e minerali come potassio e selenio. Il loro alto contenuto di acqua e fibre li rendono anche un'aggiunta sana a qualsiasi dieta. Tuttavia, è importante consumarli con cura, poiché il loro rapido decadimento significa che sono migliori se gustati freschi e dovrebbero essere correttamente identificati per evitare qualsiasi sosia tossico.

Comprendere Coprinellus micaceus significa apprezzare la delicata bellezza della loro forma, riconoscere il loro ruolo indispensabile nell'ecosistema e assaporare i sapori sottili che portano in cucina. Mentre continui il tuo viaggio per coltivare questi affascinanti funghi, tieni a mente l'intricato equilibrio che aiutano a mantenere in natura e i piaceri semplici ma profondi che possono offrire al tuo repertorio culinario. Con ogni gruppo che germoglia nel tuo giardino o nella tua sistemazione interna, stai partecipando a un ciclo di crescita e decadimento, nutrimento e rinnovamento, che fa parte della storia del nostro pianeta da millenni..

Marco MacNeil

Capitolo 2

Iniziare Con La Coltivazione

Intraprendere il viaggio per coltivare Coprinellus micaceus, il Glistening Ink Cap, è emozionante e gratificante. Come per ogni nuova impresa, avere gli strumenti giusti e comprendere i metodi migliori sono passaggi cruciali per il successo. Immagina di allestire il tuo giardino di funghi, dove presto emergeranno gruppi di funghi delicati e scintillanti, che offriranno sia piacere estetico che delizia culinaria.

Per iniziare, devi raccogliere gli strumenti e l'attrezzatura essenziali. Immagina di essere in una stanza ben illuminata o in un luogo ombreggiato all'aperto, dotato degli oggetti necessari per la tua coltivazione di funghi. Un set di coltelli o forbici puliti e affilati saranno i tuoi strumenti principali per raccogliere i delicati cappelli. Avrai anche bisogno di contenitori o vassoi, che fungeranno da letti per i tuoi funghi. Questi contenitori dovrebbero avere un buon drenaggio per evitare che l'acqua ristagni, il che può danneggiare i tuoi delicati funghi.

Quindi, considera il substrato, il materiale su cui cresceranno i tuoi funghi. Immagina un mix di legno marcio, paglia o compost, tutti ricchi di materia organica per fornire i nutrienti necessari per una crescita sana. Dovrai preparare questo substrato assicurandoti che sia ben umido e privo di contaminanti. Sterilizzare il substrato, facendolo bollire o usando una pentola a pressione, è un passaggio fondamentale per eliminare eventuali batteri o funghi indesiderati che potrebbero competere con i tuoi funghi.

Con i tuoi strumenti e il substrato pronti, il passaggio successivo è selezionare il metodo di coltivazione giusto. Immagina le possibilità: potresti optare per una configurazione all'aperto, consentendo ai tuoi funghi di beneficiare dell'ambiente naturale, o una configurazione al chiuso, dove puoi monitorare e controllare attentamente le condizioni. Ogni metodo ha i suoi classici vantaggi e sfide.

Se scegli la coltivazione all'aperto, immagina un'aiuola ombreggiata o una sezione del tuo cortile dove l'ambiente è fresco e umido. Questa impostazione imita l'habitat naturale del Coprinellus micaceus, fornendo uno sfondo ideale per la loro crescita. Le fluttuazioni naturali di temperatura e umidità favoriranno un raccolto robusto e resistente. Tuttavia, la coltivazione all'aperto richiede un occhio attento per gestire potenziali parassiti e per garantire che i funghi non siano esposti a condizioni estreme.

In alternativa, immagina una configurazione di coltivazione al chiuso. Qui puoi creare un ambiente controllato, magari in un seminterrato o in una stanza dedicata, dove puoi mantenere umidità e temperatura costanti. La coltivazione indoor consente una coltivazione durante tutto l'anno, libera dai vincoli dei cambiamenti stagionali. Puoi usare luci di coltivazione per simulare la luce solare screziata di un suolo forestale e umidificatori per mantenere i livelli di umidità perfetti. Questo metodo offre precisione e controllo, rendendo più facile la risoluzione dei problemi e la gestione del processo di coltivazione.

Quando decidi il tuo metodo di coltivazione, pensa al tuo stile di vita e allo spazio a tua disposizione. Se ami trascorrere del tempo in giardino e hai uno spazio esterno adatto, l'approccio naturale potrebbe essere più piacevole. D'altra parte, se preferisci un ambiente più controllato e costante, la coltivazione indoor potrebbe essere la strada giusta.

Iniziare il tuo percorso di coltivazione con Coprinellus micaceus è un passo in un mondo di crescita affascinante e delicata bellezza. Con gli strumenti giusti e un metodo scelto con cura, sei sulla buona strada per creare un fiorente giardino di funghi. Ogni giorno porterà nuove osservazioni e apprendimenti, mentre osservi i minuscoli fili di micelio diffondersi nel substrato e alla fine vedi emergere i cappelli luccicanti. Questo processo, dalla preparazione alla raccolta, non riguarda solo la coltivazione di funghi, ma anche la cura di un piccolo e complesso ecosistema che ti ricompensa con il suo fascino unico..

Marco MacNeil

Capitolo 3

Requisiti di base per la coltivazione

Iniziare il tuo viaggio con Coprinellus micaceus, il Glistening Ink Cap, inizia con la creazione dell'ambiente perfetto per far prosperare questi delicati funghi. Immagina il processo come la preparazione del palcoscenico per uno spettacolo naturale, in cui ogni dettaglio contribuisce al successo complessivo della tua coltivazione.

Il clima ideale e le condizioni ambientali sono fondamentali per la crescita di Coprinellus micaceus. Immagina una scena di foresta in cui questi funghi prosperano naturalmente: fresca, umida e ombreggiata. Questo è il tipo di ambiente che dovrai replicare, sia che tu scelga di coltivarli al chiuso o all'aperto. La temperatura dovrebbe generalmente rimanere tra 50 e 70 gradi Fahrenheit, imitando le condizioni moderate che si trovano nel loro habitat naturale. L'umidità è altrettanto importante, poiché questi funghi prosperano in un ambiente umido. Immagina uno spazio in cui l'aria è umida, simile a una mattina rugiadosa nei boschi. Mantenere alti livelli di umidità è fondamentale per garantire che i tuoi funghi si sviluppino correttamente ed evitino di seccarsi.

Quando si tratta di preparazione del terreno e del substrato, immagina di creare un letto ricco e nutriente per i tuoi funghi. Coprinellus micaceus preferisce un substrato ricco di materia organica, come legno in decomposizione, paglia o compost. Inizia preparando questo substrato per assicurarti che sia privo di contaminanti che potrebbero ostacolare la crescita dei tuoi funghi. La sterilizzazione è un passaggio cruciale; pensala come la purificazione dell'ambiente per dare ai tuoi funghi il miglior inizio possibile. Questo può essere ottenuto tramite bollitura, cottura a vapore o utilizzando una pentola a pressione per eliminare eventuali microrganismi concorrenti.

Una volta che il substrato è pronto, è il momento di pensare a scegliere la posizione perfetta per la tua coltivazione. Immagina di selezionare un posto che offra il giusto equilibrio di luce, umidità e temperatura. Se stai coltivando indoor, potrebbe essere una stanza fresca e buia o un seminterrato con umidità e temperatura controllate. Usa luci di coltivazione per imitare la delicata luce solare filtrata di una volta forestale e umidificatori per mantenere l'aria umida. Per la coltivazione all'aperto, trova un'area ombreggiata che eviti la luce solare diretta ma riceva comunque un po' di luce naturale. Un posto sotto gli alberi o un'aiuola ombreggiata può offrire le condizioni perfette. Assicurati che l'area sia ben drenata per evitare che l'acqua si accumuli, il che potrebbe portare a malattie fungine o marciume.

Scegliere la posizione giusta significa anche considerare la facilità di accesso e manutenzione. Immagina uno spazio in cui puoi monitorare comodamente i tuoi funghi e apportare modifiche se necessario. Che sia all'interno o all'esterno, la posizione dovrebbe essere comoda per mantenere condizioni ottimali e prenderti cura della tua coltivazione.

Creare l'ambiente giusto per Coprinellus micaceus non significa solo soddisfare le loro esigenze di base; si tratta di creare un ecosistema in miniatura che imiti il loro habitat naturale. Prestando attenzione al clima, alla preparazione del substrato e alla posizione, si prepara il terreno per un'esperienza di coltivazione di successo. Mentre osservi i primi segni di crescita e i Glistening

Marco MacNeil

Ink Caps iniziare ad apparire, saprai che la tua attenta pianificazione e attenzione ai dettagli hanno dato i loro frutti, portando un tocco di meraviglia naturale nel tuo spazio..

Copyright © 19

Marco MacNeil

Capitolo 4

Approvvigionamento e preparazione delle spore

Intraprendere il viaggio per coltivare Coprinellus micaceus, il Glistening Ink Cap, inizia con un passaggio essenziale: reperire e preparare le spore. Questa fase è come selezionare i semi per un giardino, dove la qualità di ciò da cui si inizia avrà un impatto significativo sul successo della coltivazione.

Trovare spore di alta qualità è simile a trovare gli ingredienti perfetti per una ricetta. Vuoi spore fresche, vitali e provenienti da fornitori affidabili. Immagina di sfogliare cataloghi o negozi online, alla ricerca di fornitori di spore specializzati in funghi. Scegli quelli che forniscono informazioni chiare sulle loro spore, tra cui la loro origine e le condizioni di conservazione. I fornitori affidabili spesso offrono impronte di spore o siringhe di spore, che sono ideali per garantire la massima qualità e il tasso di successo nei tuoi sforzi di coltivazione. Se ti stai collegando con altri appassionati di funghi o raccoglitori locali, potresti anche trovare opportunità di ottenere spore da coltivatori esperti che possono condividere le loro conoscenze e risorse.

Una volta acquisite le spore, il passaggio successivo è raccoglierle e prepararle. Se raccogli le spore da solo, immagina un processo attento in cui selezioni funghi maturi con cappelli completamente sviluppati. In un ambiente pulito, rimuovi delicatamente il cappello e appoggialo su un pezzo di carta pulita o su una superficie sterile. Nel tempo, le spore cadranno dalle lamelle sulla carta, creando un'impronta sporale. Questa impronta è uno strumento fondamentale per l'inoculazione futura. Per coloro che utilizzano siringhe per spore, è sufficiente assicurarsi che siano agitate correttamente e preparate secondo le istruzioni fornite dal fornitore. La siringa per spore rende l'inoculazione semplice ed efficace, assicurando che le spore siano distribuite uniformemente.

Conservare e preparare le spore per l'inoculazione è un passaggio importante per mantenerne la vitalità. Immagina di conservare semi preziosi nelle giuste condizioni fino a quando non sono pronti per germogliare. Le spore devono essere conservate in un luogo fresco e asciutto per evitare che si degradino. Se hai un'impronta sporale, piega con cura la carta e conservala in un contenitore o una busta ermetica, tenendola al riparo dalla luce e dall'umidità. Per le siringhe di spore, conservale in frigorifero ma evita di congelarle, poiché ciò potrebbe danneggiarle. Quando sei pronto a inoculare il substrato, assicurati di maneggiare le spore in un ambiente sterile per evitare contaminazioni. Ciò significa lavorare in un'area pulita, utilizzare strumenti sterili e seguire le migliori pratiche per mantenere la purezza delle spore.

Preparare le spore per l'inoculazione comporta un po' di lavoro meticoloso, ma è fondamentale per impostare una coltivazione di successo. Prima di iniziare, assicurati che tutta la tua attrezzatura sia sterilizzata e di lavorare in un ambiente pulito per ridurre al minimo il rischio di contaminazione. Che tu stia utilizzando impronte di spore o siringhe, l'obiettivo è introdurre le spore nel substrato preparato in un modo che promuova una sana crescita del micelio. Le spore devono essere distribuite uniformemente in tutto il substrato, creando una base affinché il micelio possa diffondersi e prosperare.

Marco MacNeil

Man mano che procedi con l'approvvigionamento e la preparazione delle spore, stai gettando le basi per l'entusiasmante processo di coltivazione dei funghi. La qualità e la cura che investi in questa fase influenzeranno notevolmente il successo dei tuoi sforzi. Con un'attenta preparazione, crei le condizioni affinché i Glistening Ink Caps emergano e prosperino, portando un tocco di arte della natura nel tuo progetto di coltivazione.

Marco MacNeil

Capitolo 5

Metodi di coltivazione

Avventurarsi nel mondo della coltivazione del Coprinellus micaceus apre una gamma di metodi che soddisfano preferenze e ambienti diversi. Che tu sia attratto dai ritmi naturali della coltivazione all'aperto, dalla precisione delle configurazioni indoor o dalla versatilità della coltivazione in contenitori e aiuole, ogni metodo offre opportunità uniche per coltivare questi incantevoli funghi.

Immagina di entrare nel tuo cortile, dove l'atmosfera da foresta crea l'ambiente perfetto per la coltivazione all'aperto. Questo metodo abbraccia i doni della natura, consentendo ai Glistening Ink Caps di crescere in un ambiente che imita da vicino il loro habitat naturale. Potresti scegliere un'area ombreggiata sotto una volta di alberi o un angolo appartato del tuo giardino dove la luce del sole filtra delicatamente attraverso le foglie. La decomposizione naturale del legno e delle foglie in questo spazio crea un substrato ideale per i funghi. Preparando l'area con tronchi in decomposizione o trucioli di legno, riproduci le condizioni che si trovano in natura. Il metodo all'aperto sfrutta i cambiamenti stagionali e l'umidità naturale, incoraggiando un raccolto di funghi sano e robusto. È un processo che sembra in armonia con la natura, consentendoti di osservare la crescita dei funghi mentre si adattano all'ambiente circostante.

D'altro canto, immagina il santuario controllato di un ambiente di coltivazione indoor. Qui, prendi il controllo di ogni aspetto dell'ambiente, creando un microcosmo in cui puoi regolare con precisione temperatura, umidità e luce. Immagina uno spazio dedicato nella tua casa, magari un seminterrato o una stanza degli ospiti, trasformato in un rifugio per funghi. Utilizzando luci di coltivazione per simulare la luce solare screziata di un suolo forestale e umidificatori per mantenere i livelli di umidità ideali, fornisci le condizioni perfette per la prosperità del Coprinellus micaceus. Questo metodo offre il vantaggio di una coltivazione tutto l'anno, non influenzata dai capricci del meteo. L'ambiente controllato ti consente di monitorare e regolare attentamente le condizioni, garantendo una crescita ottimale e riducendo al minimo il rischio di contaminanti.

Per coloro che hanno poco spazio o cercano un approccio più flessibile, la coltivazione in contenitori e aiuole offre soluzioni pratiche. Immagina una serie di contenitori ordinatamente disposti o aiuole rialzate, ciascuna riempita con un substrato preparato con cura. Queste configurazioni possono essere posizionate in vari luoghi, sia all'interno che all'esterno, rendendo più facile integrare la coltivazione di funghi nel tuo spazio esistente. I contenitori possono essere impilati o disposti per adattarsi a spazi più piccoli, mentre le aiuole rialzate possono essere posizionate in un giardino o su un balcone. Questo metodo consente un uso efficiente dello spazio e può essere adattato per adattarsi a diversi ambienti. Scegliendo i contenitori e i substrati giusti, puoi creare un giardino di funghi fiorente anche in aree ristrette.

Ogni metodo di coltivazione porta con sé una serie di ricompense e sfide. La coltivazione all'aperto offre la gioia di lavorare con la natura, le configurazioni indoor forniscono controllo e coerenza e la coltivazione in contenitori e aiuole offre versatilità ed efficienza dello spazio. Mentre esplori questi metodi, considera il tuo

Marco MacNeil

ambiente, lo spazio disponibile e le preferenze personali. Selezionando l'approccio che meglio si allinea ai tuoi obiettivi, crei le basi per un'esperienza di coltivazione di funghi di successo e appagante, in cui i Glistening Ink Caps prospereranno e infonderanno nella tua vita un tocco di eleganza della natura.

Marco MacNeil

Capitolo 6

Piantagione e inoculazione

È arrivato il momento di iniziare a piantare e inoculare le spore di Coprinellus micaceus, segnando l'inizio di un viaggio straordinario verso la coltivazione dei tuoi Glistening Ink Caps. Immagina questo come il delicato atto di piantare semi in un giardino, dove precisione e cura sono fondamentali per nutrire la crescita dei tuoi futuri funghi.

Per garantire un'inoculazione efficace delle spore, immagina un processo meticoloso in cui ogni passaggio viene eseguito con attenzione ai dettagli. Se stai utilizzando una siringa per spore, inietta delicatamente le spore nel substrato preparato. L'obiettivo è distribuire uniformemente le spore in tutto il materiale, proprio come quando si seminano semi in un'aiuola. Questo metodo garantisce che le spore abbiano le migliori possibilità di germinare e diffondersi. Se stai lavorando con un'impronta di spore, trasferisci con attenzione le spore sul substrato utilizzando uno strumento sterile, come un coltello o una spatola, assicurandoti che le spore siano distribuite uniformemente. L'obiettivo è creare un'inoculazione uniforme che favorisca una crescita miceliale sana e vigorosa.

Una volta che le spore sono state introdotte nel substrato, il prossimo obiettivo è promuovere la crescita e lo sviluppo del micelio. Immagina minuscoli fili miceliari che iniziano a intrecciarsi nel substrato, creando una rete che alla fine produrrà i funghi maturi. Per favorire questa crescita, è essenziale fornire le giuste condizioni. Il substrato deve essere mantenuto umido ma non inzuppato d'acqua, poiché l'umidità in eccesso può portare alla contaminazione. Mantieni una temperatura che si allinei alle esigenze del Coprinellus micaceus, in genere tra 50 e 70 gradi Fahrenheit. È simile alla creazione di un ambiente accogliente in cui il micelio può prosperare e crescere.

Mantenere condizioni di crescita ottimali è una parte cruciale di questo processo. Immagina un ambiente controllato in cui ogni elemento contribuisce al benessere dei tuoi funghi. Se stai coltivando al chiuso, usa umidificatori per mantenere l'aria umida e garantire una ventilazione adeguata per prevenire l'accumulo di anidride carbonica, che può inibire la crescita. Per le configurazioni all'aperto, monitora i livelli di umidità e fornisci ombra per proteggere il micelio in via di sviluppo dalla luce solare intensa. Una cura e un'attenzione costanti a questi fattori aiuteranno il tuo micelio a stabilire una solida base e alla fine a portare a un raccolto sano di Glistening Ink Caps.

Mentre procedi attraverso la fase di piantagione e inoculazione, stai preparando il terreno per una fiorente coltura di funghi. Ogni passaggio, dall'inoculazione attenta al mantenimento delle giuste condizioni, svolge un ruolo fondamentale nel garantire che i tuoi funghi Coprinellus micaceus crescano con successo. Questo processo richiede pazienza e cura, ma le ricompense nel vedere i tuoi funghi prosperare e infine raccogliere renderanno ogni sforzo utile.

Marco MacNeil

Copyright © 31

Marco MacNeil

Capitolo 7

Cura E Manutenzione

Mentre i tuoi funghi Coprinellus micaceus iniziano il loro viaggio da piccole spore a funghi completamente cresciuti, la fase di cura e manutenzione diventa una parte cruciale per garantire un raccolto di successo. Immagina questo periodo come la cura di un delicato giardino, dove ogni aspetto della cura contribuisce alla salute e alla vitalità dei tuoi funghi.

L'irrigazione e il controllo dell'umidità sono essenziali per mantenere i tuoi funghi in condizioni ottimali. Immagina un ambiente rigoglioso in cui i livelli di umidità sono giusti, né troppo secchi né eccessivamente umidi. Per la coltivazione indoor, potresti usare un umidificatore per mantenere un'umidità costante, assicurandoti che l'aria rimanga umida e di supporto per il micelio in via di sviluppo. In ambienti esterni, le precipitazioni naturali potrebbero essere sufficienti, ma è importante monitorare e integrare secondo necessità, soprattutto durante i periodi di siccità. Immagina di controllare regolarmente il substrato per mantenerlo uniformemente umido, fornendo solo acqua sufficiente a favorire la crescita senza causare ristagni d'acqua, che possono portare a problemi indesiderati.

La gestione di parassiti e malattie è un altro aspetto fondamentale della cura dei funghi. Immagina di essere un custode vigile, che ispeziona i tuoi funghi e il loro ambiente di crescita per eventuali segni di problemi. Parassiti come insetti o roditori possono essere attratti dal substrato, quindi è importante mantenere la pulizia e usare barriere o trappole per tenerli a bada. Anche le malattie possono rappresentare una minaccia, spesso manifestandosi come scolorimento o modelli di crescita insoliti. Mantenere pulita l'area di coltivazione e praticare una buona igiene aiuterà a prevenire la diffusione di contaminanti. Se noti dei problemi, affrontali prontamente rimuovendo le aree interessate e regolando le condizioni ambientali per prevenire ulteriori problemi.

Migliorare la crescita con integratori nutritivi può dare ai tuoi funghi una spinta in più, proprio come aggiungere fertilizzante a un giardino per supportare una sana crescita delle piante. Mentre Coprinellus micaceus generalmente prospera su substrati ben

Marco MacNeil

preparati, aggiungere integratori come compost organico o nutrienti specifici per funghi può migliorare il loro sviluppo. Immagina di arricchire il substrato con questi integratori per fornire ulteriore nutrimento, aiutando i tuoi funghi a raggiungere il loro pieno potenziale. Assicurati che tutti gli integratori utilizzati siano compatibili con il tuo metodo di coltivazione e non introducano contaminanti.

Mentre affronti la fase di cura e manutenzione, immaginati come un attento custode, che crea un ambiente ottimale in cui i tuoi Glistening Ink Caps possano prosperare. Monitoraggio regolare, aggiustamenti ponderati e gestione proattiva ti aiuteranno a coltivare un raccolto di funghi sani e produttivo. Questa cura dedicata trasforma il tuo progetto di coltivazione da un semplice esperimento in un fiorente successo, portando la bellezza e la delizia culinaria di Coprinellus micaceus nella tua vita.

Marco MacNeil

Marco MacNeil

Capitolo 8

Raccolta dei funghi

È giunto il momento di raccogliere i tuoi funghi Coprinellus micaceus e sembra di aver raggiunto il culmine di un viaggio gratificante. Immagina di entrare nel tuo spazio di coltivazione, dove grappoli di Glistening Ink Caps sono pronti per essere raccolti. Questa fase è sia emozionante che cruciale, poiché il modo in cui raccogli e gestisci i tuoi funghi influisce direttamente sulla loro qualità e longevità.

Identificare i Coprinellus micaceus maturi è il primo passo del processo di raccolta. Immagina di esaminare attentamente i tuoi funghi, notando i cappelli delicati e luccicanti che hanno raggiunto il loro apice. I funghi maturi hanno cappelli che si sono completamente espansi, rivelando le lamelle sottostanti e mostrando il caratteristico aspetto scintillante. Il colore e la consistenza dei cappelli sono indicatori chiave della maturità: quando sono sodi e i bordi dei cappelli sono leggermente rivolti verso l'alto, è il momento di raccogliere. Sii consapevole dei tempi; raccoglierli troppo presto potrebbe significare che non hanno sviluppato il loro sapore e la loro consistenza completi, mentre aspettare troppo a lungo può portare a una maturazione eccessiva, in cui i cappelli iniziano a marcire o rilasciare spore.

Quando si tratta di tecniche di raccolta, immagina il processo attento e delicato necessario per preservare la qualità dei tuoi funghi. Utilizzando un coltello affilato e pulito o delle forbici, taglia i funghi alla base dei loro gambi. Immagina di maneggiarli con cura per evitare di ammaccarli o danneggiare i delicati cappelli. Per ottenere risultati migliori, raccogli al mattino presto o alla sera tardi, quando i funghi sono più freschi. Disponi delicatamente i funghi raccolti in un cestino o contenitore pulito, assicurandoti che non siano troppo affollati per evitare ammaccature e per consentire un corretto flusso d'aria.

La manipolazione e la conservazione post-raccolta sono essenziali per mantenere la freschezza e la qualità dei tuoi funghi. Immagina di preparare i funghi per la conservazione spazzolando delicatamente via eventuali detriti con una spazzola morbida o un panno, anziché lavarli, il che potrebbe renderli mollicci. Per una conservazione a breve termine, tieni i funghi in un luogo fresco e asciutto, idealmente in un sacchetto di carta o in un contenitore ventilato per evitare l'accumulo di umidità. Se hai un raccolto più grande e devi conservarli per un periodo più lungo, considera di refrigerarli per estenderne la durata. Per la conservazione, potresti anche provare metodi di essiccazione o congelamento, assicurandoti che i funghi siano adeguatamente essiccati per evitare la muffa e quindi conservati in contenitori ermetici.

Mentre completi il processo di raccolta, prenditi un momento per apprezzare i frutti del tuo lavoro. Ogni Glistening Ink Cap rappresenta uno sforzo di coltivazione di successo, che riflette la cura e la dedizione che hai investito. Una raccolta e una manipolazione adeguate assicurano che i tuoi funghi Coprinellus micaceus non solo siano belli, ma mantengano anche il loro sapore e la loro consistenza, pronti per essere gustati in una varietà di creazioni culinarie. Questo passaggio finale nel tuo percorso di coltivazione trasforma il tuo duro lavoro in una ricompensa tangibile, portando la bellezza unica e delicata di questi funghi nella tua cucina e oltre.

Marco MacNeil

Copyright © 39

Conclusione

Congratulations on completing "Coprinellus Micaceus Mushroom Cultivation for Beginners"! You've unlocked the secrets to growing the dazzling Glistening Ink Caps, turning your space into a vibrant mushroom haven. With your newfound knowledge, you're ready to cultivate these extraordinary fungi with confidence. Embrace the process, savor the rewards, and let the magic of mushroom cultivation enhance your life. Happy harvesting!

www.ingramcontent.com/pod-product-compliance
Lightning Source LLC
Chambersburg PA
CBHW072006210526
45479CB00003B/1083